EXAMEN

DE LA
DVPLICATION DV CVBE,
ET QVADRATVRE
DV CERCLE.

Cy deuant publiée à diuerses fois
par le sieur DE LA LEV.

Et nouuellement au mois d'Aoust dernier.

A PARIS,

Par Robert Sara, ruë de la Harpe, au bras d'Hercule.

M. DC. XXX.

AV LECTEVR.

IL y a onze ans passez, qu'on publia vn certain liuret imprimé à la Rochelle, contenant l'inuention de la duplication du Cube, & quadrature du Cercle, par le sieur de la Leu, auec des preuues numerales par Martin Van der Bist, marchand & habitant dudit lieu, auquel liuret peu apres vn Escossois nommé Iean de Dumbar de Entirkin, Professeur en Philosophie au mesme endroit, a adjousté vn discours Latin tendant à l'approbation de l'inuention, & loüange de l'inuenteur. Depuis le sieur de la Leu a mis au iour par diuers placards imprimez le contenu en ce liuret, mesmes l'a faict grauer en vne riche table, & presenter au Roy deuant la Rochelle en l'an 1628. Ceste inuention, au cas qu'il n'y eust eu aucune chose à redire, ne meritoit rien moins que cela, & ne pouuoit appartenir, à cause de son excellence, qu'au plus excellent, au plus inuincible, & au plus renommé Roy de tous les Rois. Toutefois ce n'estoit pas l'intention seule du sieur de la Leu de la communiquer au public de ceste façon, mais aussi que la verité d'icelle seruist de gages & asseurance de la verité de plusieurs cognoissances qu'il pretend auoir acquis par des voyes non ordinaires, lesquelles cognoissances sont de plus grande importance que n'est pas vne simple verité de Geometrie, & de bien plus perilleuse consequence que la verité ou fausseté d'vne seule proposition pour toute la Geometrie, quand il en seroit question. Il s'est tenu si fort & si certain de la verité de ce qu'il a publié sur ce sujet, qu'il n'en a refusé l'examen, pour pouuoir par là recognoistre quelle fiance il pouuoit auoir aux moyens & voyes par lesquelles il a eu les cognoissances dont nous venons de parler. Si bien que le R. Pere Iacquinot, Superieur de la maison Professe de la Compagnie de Iesus de ceste ville, pour le zele qu'il a de la gloire de Dieu, & du bien des ames, & en particulier de celuy du sieur de la Leu, procura que ceste inuention fust proposée, & expliquée par le sieur de la Leu, luy mesme, à des personnes versées aux Mathematiques, & que la verité en fust discutée. Ce qui arriua le 16. Aoust en la Bibliotheque de la maison susdite, Monsieur Mydorge Tresorier de France vn des plus excellens hommes de ce siecle, tant pour la cognoissance des Mathematiques, que pour les autres rares & eminentes parties dont il est doüé, les Peres Derand & de Riennes de la mesme Compagnie, celuy-cy professant aujourdhuy les Mathematiques au College de Clermont; celuy-là les ayant professees au College Royal de la Fleche, tous deux auec grandissime

reputation, s'y estans rencontrez : & auec eux le sieur Hardy Conseiller du
Roy au Chastelet de ceste ville. Monsieur de Lauzon President au Grand
Conseil, & Maistre des Requestes; & le sieur Tallemand Secretaire du Roy,
beau-frere dudit sieur de la Leu furent presens à tout ce qui s'y passa, &
peuuent certifier que l'effet de ceste maniere de conference fut, que Monsieur
Mydorge fist voir au sieur de la Leu par les nombres, que la premiere & plus
grande des moyennes proportionelles par luy pretendues estoit plus petite
qu'il ne falloit. Ce que ledit sieur recogneut luy auoir esté obiecté il y a quelques années par vn Escossois, ainsi que mesmes il l'a escrit & fait imprimer
en l'vn de ses placards. Neantmoins que si lon tenoit la duplication du
Cube pour possible, & qu'vne demonstration lineale fust preferable à vne
demonstration numerale, qu'il s'offroit de faire voir la verité de sa proposition par vne preuue lineale. Et pour y paruenir aduança six propositions, de chacune desquelles il vouloit demonstrer la verité par trois
exemples Arithmetics; soustenant que cela suffisoit; dautant, disoit-il,
que le nombre de trois, nombre mysterieux, comprend tout, qui est vne estime tres-grande qu'il fait du ternaire. Si bien qu'il fallut que Monsieur
Mydorge en recherchast la demonstration luy-mesme. De faict il en
demonstra deux ; mais le temps ne permettant, à cause de la nuict
qui approchoit, de passer outre, le sieur de la Leu luy promist, & aux
Peres Derand & de Riennes de les reuoir en particulier, & d'acheuer
la demonstration de ce qui restoit. Toutefois auparauant que d'executer
sa promesse il fist imprimer le 18. Aoust ensuiuant vn placard qui s'est
vendu publiquement, où il asseure que de plusieurs propositions exacte-
ment examinées, & approuuées par Monsieur Mydorge, il luy en auoit esté
accordé vne, qui contient la demonstration de son inuention. Ce qui, comme
ie croy, & (sauf correction) n'est point arriué. Car ses propositions ne
furent toutes accordées, ny celle dont il parle ne fut examinée au fonds;
seulement comme la compagnie se departoit, elle fut veüe legerement, pour
sçauoir à quoy pouuoit abboutir son procedé. Par le mesme placard, il se
r emet pour l'entiere preuue de la fausseté de son inuention, à vne demonstration lineaire, qui en puisse descouurir l'abus. Quoy faisant, il s'est
obligé de donner les mains, & encores à bien dauantage, ainsi qu'il l'a
promis audit P. Iacquinot, en presence de plusieurs personnes de conside-
ration, & de merite, c'est de recognoistre par là le mauuais fondement &
principe peu asseuré des cognoissances dont il a esté parlé cy deuant, mesmes
en quel mespris, ou plustost horreur on les doit auoir. C'est pour ceste raison
que nous auons dressé ce petit discours : Et pour donner l'intelligence de
ce qui se presente à examiner, nous rapporterons en termes ordinaires
& vsitez en Geometrie la maniere dont le sieur de la Leu se sert pour

trouuer deux moyennes proportionelles entre deux lignes en proportion double, puis nous déduirons ce que nous prétendons en tirer, qui fait clairement voir, à nostre aduis, la fausseté qui y est contenüe. Et dirons en passant, qu'à cause que le sieur de la Leu, ainsi qu'il a esté dit cy-deuant, estima auoir suffisamment fait voir la verité de ses propositions, en les monstrant vrayes en trois exemples par les nombres, qu'aussi à la fin des propositions principales dont nous nous seruons au present examen, nous auons mis trois exemples en nombres, qui iustifient, & font voir qu'elles sont vrayes. Ce n'est pas que nous estimions que l'on y doiue auoir esgard, mais c'est que nous pensons que cela tournera au contentement & satisfaction du sieur de la Leu.

MANIERE DONT LE SIEVR DE LA LEV se sert pour trouuer deux lignes moyennes proportionelles en proportion continüe entre deux lignes en raison double.

SVR la ligne AF soit descrit le demy cercle ALF, & tirée FG perpendiculaire sur FA, & par le centre B tirée la ligne BL perpendiculaire sur FA, couppant le demy cercle FLA au point L, & soit tirée AL iusques à ce qu'elle couppe FG au point G. Soit pareillement du centre A de l'interualle AF descrit l'arc du cercle FΠI, couppant AG au point I, & du point I tirée ID perpendiculaire sur AF : puisque les angles GFA, LBA sont droicts, & l'angle GAF commun, les angles FGA, BLA seront esgaux, doncques les triangles GFA, BLA sont equiangles. Or est-il que comme BA est à BL, ainsi AF est à FG. mais BA, LB sont esgales, donc AF, FG sont esgales.

Voyez la premiere figure

D'abondant soit faite EF esgale à BD, & par le point E tirée la ligne EH perpendiculaire sur AF, iusques à ce qu'elle rencontre la ligne AG au point H, la ligne EH sera la plus grande des moyennes proportionelles que l'on doit trouuer.

La seconde moyenne proportionelle en proportion continüe, se trouuera en tirant du point M, auquel la ligne EH couppe l'arc du cercle IΠF au point A, la ligne AM qui couppera le demy cercle ALF au point Z, & tirant ZC perpendiculaire sur AF, & la pro-

duifant iufques à ce qu'elle couppe la ligne AG au point K , la ligne KC fera la feconde moyenne proportionelle requife entre les
deux lignes LB, GF.

Le fieur de la Leu employe la propofition fuiuante pour trouuer
entre GF, & entre HE, & entre KC & LB, vne moyenne proportionelle ; & pour monftrer que I D eft moyenne proportionelle
entre HE & KC : & HE entre RQ, & ID : auffi bien que KC, entre ID & OP.

*Si dans la circonference d'vn demy cercle par exemple de
FLA, l'on prend deux points α & Z, & que l'on tire les lignes
Aα, AZ, & que du centre A, des interualles AZ, & Aα l'on
defcriue les arcs de cercle pαβ, Zſσ, & que pαβ continué couppe
la ligne AZ produite ſi befoin eſt au point β, & que Zſσ couppe
Aα au point ſ, & que puis apres l'on tire la ligne βſ, elle fera
perpendiculaire ſur FA, & ſi des points α & Z l'on tire les lignes αE, ZC perpendiculaires ſur AF, deſquelles l'vne, ſçauoir
ZC, couppe Aα au point ξ, de ſorte que ξA ſoit eſgale à AD,
& Aſ à AE. Alors ſi l'on prolonge les lignes αE, & ſD, & ξC,
& que l'on tire vne ligne du point A, qui couppe les lignes αE.
Dſ, Cξ prolongées és points H, I, K, les lignes HE, ID, KC
feront continuellement proportionelles.*

Car ſoit continué l'arc Zſσ iufques à ce qu'il couppe la ligne βſ
produite au deſſous de AF, au point τ, & ſoit tirée la ligne Aτ,
parce que Aſ & Aτ ſont eſgales, par la 5 du 1, les angles Aſτ,
Aτſ ſont eſgaux, & le coſté AD eſt commun, partant les coſtez
Aſ, AD, & Aτ, AD ſont proportionels, par la 7 du 5 : les angles
ſAD, τAD ne peuuent de diuerſe eſpece, non plus que les angles
ſDA, τDA : ceux-cy à cauſe que αE, & ZC ſont paralleles entre elles,
& perpendiculaire ſur AF : ceux-là à cauſe que l'angle ſAT à tout
rompre ne peut eſtre qu'obtus. Doncques par la 7 du 6, les triangles ADſ, ADτ ſont equiangles, & les angles oppoſez aux coſtez Aα,
Aτ homologues ; ſont eſgaux, leſquels ſont tous deux à coſté
d'vne meſme, & ſur vne meſme ligne, & partant ſont droicts par la
definition de l'angle droict. *Doncques βſ eſt perpendiculaire ſur
AF.*

Poſé que Aξ ſoit eſgale à AD, & Aſ à AE, les lignes HE,

ID, KC *mentionnées en la propofition, font continuellement proportionelles, comme auffi il a efté dit en la mefme propofition.*

Car ioignant EΞ puifque AſeftefgaleàAE, & AΞ à AD, & l'angle ſAE commun, les bafes EΞ, ſD feront efgales par la 4 du premier. Partant les angles EΞA, ſDA feront efgaux. Mais ſDA vient d'eftre demonftré droict. Doncques EΞA eft droict: Et par le corollaire de la 8 du 6, comme CA eft àAΞ ou AD, ainfi AD eft à AE: mais puifque les triangles HEA, IDA, KCA, à caufe des paralleles HE, ID, KC, font femblables, les coftez HE, ID, KC font entre eux comme les coftez AE, AD, CA: Mais AE, AD, AC font continuellement proportionnelles. Doncques HE, ID, KC, *font continuellement proportionelles.*

Pour n'entrer à prefent en la difcuffion particuliere de ce qui vient d'eftre dit, & ne nous amufer à l'induction, qui ſen peut tirer par le fieur de la Leu, puifque mefme il n'en a apporté aucune, ny aucune preuue; Nous examinerons par vne demonftration lineale, la verité de ce qu'il en conclud, & propofe comme certain & indubitable: *Sçauoir que* GF, RQ, HE, ID, KC, OP, LB, *font continuellement proportionnelles, GF, & LB, eftant en proportion double, & l'excés de GF fur HE, égal à l'excés de ID fur LB.*

Pour ce faire nous tirerons quelques corollaires ou confequences de ces conclufions, & ce neceffairement & directement, d'où la verité de ce qui gift en la queftion fe pourra recognoiftre.

Auparauant neantmoins pour faciliter l'intelligence de ce que nous auons à dire dans la premiere figure, nous auons tiré la ligne ΞΩ, couppant AG produitte, & ce par le point Ξ, qui refpond au poinct 11 en la figure du fieur de la Leu, parallelement à la ligne GF, fi bien que la ligne ΞΩ eft en effet, ou fe peut fuppofer huictiéme en proportion continüe aux lignes GF, RQ, HE, ID, KC, OP, LB.

De plus nous auons pris la difference d'entre ΞF & FQ, qui eft ΞſΙ: celle d'entre FQ & QE, qui eft Fε: celle d'entre QE & ED, qui eft Qζ: celle d'entre ED & DC, qui eft Eϑ: celle d'entre DC & DO, qui eft Dι; celle d'entre CO & OB, qui eft Cϰ.

Il ne feroit point de befoin d'aduertir que AO eft efgale à OP: AC à CK: AD à DI: AE à EH: AQ à QR: ΞΩ à ΞA, n'eftoit qu'il a efté demonftré cy deuant que AF & FG eftoient efgales, & qu'il eft à propos de ne rien paffer, afin d'éuiter tout foubçon de mefprife, & de furprife.

Voyez la 2. figure.

Pour trécher court, de la mesme façõ que les deux triangles GFA,
BLA ont esté monstrez cy deuant equiangles, de la mesme façon,
dis-je, les triangles AOP, ACK, ADI, AEH, AQR, ΩΞA, ALB
seront monstrez equiangles, & les costez à l'entour des angles
RQA,HEA,IDA,KCA,POA,LBA,ΩΞA,qui tous sont droicts,
se trouueront proportionels. C'est à sçauoir que AO est à OP:AC
à CK: AD à DI: AE à EH: AQ à QR: comme BA à BL. Mais
BA & BL sont esgales à cause qu'ils sont semidiametres d'vn mesme cercle. Doncques AO & OP sont esgales, AC & CQ, AD &
DI, AE & EH, AQ & QR, AΞ & ΞΩ. Si bien que qui dit AB, dit
LB: qui dit AO, dit OP: qui dit AC, dit CK: qui dit AD, dit DI:
qui dit AE, dit EH: qui dit AQ, dit QR: qui dit AF, dit FQ: qui dit
AΞ, dit ΞΩ.

I. LEMME.

*S'il y a huict, ou tant de lignes continuellement proportionelles
qu'on voudra, l'exces de la premiere sur la seconde, l'exces de la
seconde sur la troisiesme, l'exces de la troisiesme sur la quatriesme,
l'exces de la quatriesme sur la cinquiesme, l'exces de la cinquiesme
sur la sixiesme, l'exces de la sixiesme sur la septiesme, & celuy
de la septiesme sur la huictiesme sont continuellement proportionels, & ce en la proportion des lignes totales proposées continuellement proportionelles.*

Voicz la Soient les huict lignes AB, CD, EF, GH, IK, LM, NZ, & Y
Figure continuellement proportionelles. Soit faite BT esgale à CD, DS
esgale à EF, RF à GH, QH esgale à IK, PK esgale à LM, OM esgale à NZ, ZV esgale à Y. Ce faisant AT sera l'exces de AB sur CD,
CS sera l'exces de DC, sur EF; ER sera l'exces de EF, sur GH;
GQ sera l'exces de GH, sur IK; IP sera l'exces de IK, sur LM: LO
sera l'exces de LM, sur NZ; ZV sera l'exces de NZ sur Y.

Ie dis maintenant que AT, CS, ER, GQ, IP, LO, NV sont
continuellement proportionelles en la proportion de AB à CD, de
CD à EF, & des lignes consecutiues.

Car TB est esgale à CD, EF à SD, GH à RF, IK à QH, LM à PK,
& NZ à OM. Si bien que AB,CD,EF,GH,IK, LM, NZ sont côti-
nuellement proportionelles, & TB, SD, RF, QH, PK, OM, &
VZ, aussi côtinuellement proportionelles en la mesme proportion.
Par consequent puis que de AB,CD, EF, GH, IK, LM, & NZ on

æ osté TB, SD, RF, QH, RF, QH, PK, OM, qui sont en mesme proportion, les restes, sçauoir AT, CS, ER, GQ, IP, LO, NV sont en mesme proportion que les lignes totales AB, CD, & autres consecutiues par la 19. du 5. *Doncques s'il y a huict lignes continuellement proportionelles, &c.* comme en la proposition de ce lemme.

Soient AB	CD	EF	GH	IK	LM	NZ	Y*
Ou bië ⊡A	AF	AQ	AE	AD	AC	AO	AB†
128	64	32	16	8	4	2	1
2187	729	343	81	27	9	3	1
78125	15625	3125	625	125	25	5	1

Et que les exces dont est parlé en la proposition de ce lemme soient

AT	CS	ER	GQ	IP	LO	NR*
Ou bië ⊡F	FQ	EQ	DE	CD	OC	OB†
64	32	16	8	4	2	1
1458	486	162	54	18	6	2
62500	12500	2500	500	100	20	4

*Voyés la 3. figure. †Voyés la 1. figure.

Iceux exces se trouueront en la proportion de AB, CD*, ou AF, AQ†, & consecutiues.

PREMIER COROLLAIRE.

⊡F, FQ, QE, ED, DC, CO, OB *sont continuellement proportionelles en la proportion de* AF, AQ, AE, AD, AC, AO, AB.

Car par lemme precedét ⊡A, AF, AQ, AE, AD, AC, AO, AB, estans proportionelles, les exces, sçauoir celuy de AF sur AQ, celuy de AQ sur AE, de AE sur AD, de AD sur AC, de AC sur AO, de AO sur AB, sont continuellement proportionels en la proportion de ⊡A, AF, AQ, AE, AD, AC AO, AB. Mais ⊡F est l'exces de ⊡A sur ⊡F, FQ est l'exces de FA sur AQ, QE est l'exces de AQ sur AE, ED est l'exces de AE sur AD, DC est l'exces de AD sur AC, CO est l'exces de AC sur AO, OB est l'exces de OA sur AB. *Doncques* ⊡F, QE, ED, DC, CO, OB *sont continuellement proportionelles en la proportion de* ⊡A, AF, AQ, AE, AD, AC, AO, AB, *c'est à dire en omettant* ⊡A, *en la proportion de* AF, AQ, AE, AD, AC, AO, AB.

Voyez la 1. figure.

II. COROLLAIRE.

⊡♂, F♃, Q♄, E♃, D♀, C♄ *sont continuellement proportionelles en la mesme proportion, que* ⊡A, AF, AQ, AE, AD, AO, AB *le sont entre elles.*

B

Voyez la 1. figure.

Soit fait Oι esgale à OB, Cι à CO, Dη à DC, ζE à ED, εQ à QE, δF à FQ, Ξδ, sera l'exces de ΞF sur FQ, Fε celuy de FQ sur QE, Eη celuy de QE sur ED, Dι celuy de DC sur CO: Cι celuy de CO sur OB. Ie dis que Ξδ, Fε, Qζ, Eη, Dι, Cι sont continuellement proportionelles en la proportion de AF, AQ, AE, AD, AO & AB.

Car par le corollaire precedent puis que ΞF, FQ, QE, ED, DC, CO, OB, sont proportionelles en proportion continuë, Ξδ, Fε, Qζ, Eη, Dι, Cι sont continuellement proportionelles, & ce en la proportion de ΞF, FQ, QE, ED, DC, CO, OB; Mais par le mesme corollaire ΞF, FQ, QE, ED, DC, CO, OB sont en la proportion de AF, AQ, AE, AD, AC, AO, AB: *Doncques par esgalité de raison* Ξδ, Fε, Qζ, Eη, Dι, Cι *sont continuellement proportionelles en la proportion de* AF, AQ, AE, AD, AC, AO, AB.

III. COROLLAIRE.

L'exces de Ξδ *sur* Qζ, *est à l'exces de* Eη *sur* ιC, *comme* FA *est à* DA.

Voyez la 1. figure.

Car puis que par le corollaire precedent Ξδ, Fε, Qζ, Eη, Dι, Cι sont continuellement proportionelles. Par esgalité de raison suiuant la 22 du 5, comme la premiere Ξδ est à la troisiesme Qζ, ainsi la quatriesme Eη, est à la sixiesme ιC: Et par le corollaire de la 19 du 5, en conuertissant comme l'exces de Ξδ sur Qζ est à Ξδ, ainsi l'exces de Eη sur ιC, est à Eη: Et en changeant par la 16 du 5, comme l'exces de Ξδ sur Qζ, est à l'exces de Eη sur Cι, ainsi Ξδ est à Eη. Mais par le corollaire precedent puis que Ξδ, Fε, Qζ, Eη, Dι, Cι sont en la proportion de AF, AQ, AE, AD, AC, AO, AB, qui sont en proportion continuë. Donc par esgalité de raison comme Ξδ sera à la quatriesme Eη, ainsi AF, la premiere sera à la quatriesme AD. Partant par esgalité de raison suiuant la 22 du 5, *comme l'exces de* Ξδ *sur* Qζ, *est à l'exces de* Eη *sur* Cι, *ainsi* AF *est à* AD.

II. LEMME.

S'il y a plusieurs lignes continuellement proportionelles, l'exces de la plus grande extreme sur la plus petite, est esgal aux exces de chacune d'icelles sur chacune de celles qui les suiuent immediatement pris ensemble; Et au rebours, les exces de chacune

desdites proportionelles sur celles qui les suiuent immediatement, pris ensemble auec la plus petite extreme, sont esgales à
la plus grande extreme.

Soient les huict lignes AB, CD, EF, GH, IK, LM, NZ, Y,
continuellement proportionelles, & que l'exces de la plus grande
AB, sur la plus petite Y soit Aα: celuy de AB sur CD, soit AT:
celuy de CD sur EF, soit CS: celuy de EF sur GH, soit ER: celuy
de GH sur IK, soit GQ: celuy de IK sur LM, soit IP: celuy de LM
sur NZ, soit LO: celuy de NZ sur Y, soit NV.

Ie dis que l'exces Aα est esgal aux exces AT, CS, ER, GQ, IP,
LO, NV pris ensemble: Et à rebours, que Y la plus petite extre-
me, AT, CS, ER, GQ, IP, LO, & NV prises ensemble sont esgales à AB la plus grande extreme. Ceste proposition est si euidente,
qu'elle n'a besoin de demonstration: neantmoins pour plus grande
certitude, soit faite Bα esgale à Y: Bβ, à ZN: Bγ, à ML: Bδ, à KI:
Bε, à HG: Bζ, à FE: BT, à DC. Ce faisant, Tζ sera esgale à CS:
Car CD est esgale à BT, & DS à Bζ. Or est-il que DS est esgale à
FE: donc FE esgale à Bζ. Partant de BT, & CD esgales, si on oste
Bζ & DS esgales, resteront Tζ & CS esgales. Semblablement εζ
sera esgale à ER: εδ, à QG: δγ, à IP: βγ, à LO: βα, à NV. Ce
qui se prouuera de chacune en particulier de la mesme façon, que
Tζ a esté monstrée esgale à CS. Mais Aα est esgale à AT, Tζ, εζ,
δε, γδ, γβ, βα, prises ensemble. *Doncques Aα est esgale à AT, CS, ER,
GQ, IP, LO, NV, prises ensemble,* puisque Aα est esgale à AT,
CS, ER, GQ, IP, LO, & NV, prises ensemble, & que Y est esgale à
Bα, il s'ensuit Y & Aα prises ensemble, sont esgales à AB. Mais Aα
est esgale à AT, CS, ER, GQ, IP, LO, NV prises ensemble.
*Doncques Y, AT, CS, ER, GQ, IP, LO, NV prises ensemble, sont
esgales à AB.*

IV. COROLLAIRE.

FQ *est esgale à* Fε, Qζ, Eθ, DI, Cκ, Oκ *prises ensemble.*

Car puisque FQ, QE, ED, DC, CO, OB, ou Oκ sont continuellement proportionelles par le 5. corollaire: & que par le 2.
lemme la plus petite Oκ auec les exces de chacune des proportionelles sur chacune de celles qui les suiuent immediatement, c'est à
dire, les lignes Fε, Qζ, Eθ, DI, Cκ sont esgales à la plus grande. IL

Voyez
la 3. fi-
gure.

Voyez
la pre-
miere
figure.

s'enfuit que Oϰ prife auec les lignes Fe, Qζ, Eϡ, Dɪ, Cϰ eſt eſgale à FQ.

V. COROLLAIRE.

QE eſt eſgale à Qζ, Eϡ, Dɪ, Cϰ, Oϰ priſes enſemble.

Voyez la ɪ. figure.

Car puiſque QE, ED, DC, CO, OB, ou Oϰ ſont continuelle-ment proportionelles par le ɪ corollaire, & que par le 2 lemme la plus petite Oϰ auec les exces de chacune des proportionelles ſur chacune de celles qui les ſuiuent immediatement, qui ſont Qζ, Eϡ, Dɪ, Cϰ, pris enſemble, ſont eſgaux à la plus grande : *Il s'enſuit que QE eſt eſgale à Oϰ la plus petite, & à Qζ, Eϡ, Dɪ, Cϰ, priſes en-ſemble.*

VI. COROLLAIRE.

DC eſt eſgale à Dɪ, Cϰ, & ϰO priſes enſemble.

Voyez la ɪ. figure.

Car puiſque DC, CO, OB, ou Oϰ, ſont proportionelles en pro-portion continüe, par le ɪ corollaire; & que par le 2 lemme, la plus petite Oϰ auec les exces de chacune des proportionelles ſur chacu-ne de celles, qui les ſuiuent immediatement, qui ſont Dɪ & Cϰ pri-ſes enſemble ſont eſgales à la plus grande DC: *Il s'enſuit que DC eſt eſgale à Dɪ, Cϰ, & Oϰ priſes enſemble.*

VII. COROLLAIRE.

CO eſt eſgale à Cϰ, & ϰO priſes enſemble.

Voyez la ɪ. figure.

Car CO ſurpaſſe OB, ou Oϰ de l'exces Cϰ. *Partant Oϰ & Cϰ priſes enſemble, ſont eſgales à CO.*

VIII. COROLLAIRE.

ΞF eſt double de ϰO.

Voyez la ɪ. figure.

Car puiſque ΞF, FQ, QE, ED, DC, CO, OB, ou Oϰ ſont con-tinuellement proportionelles en la proportion de AF, QA, EA, DA, CA, OA, BA par le ɪ corollaire, & qu'il y a de part & d'autre nombre eſgal de proportionelles, comme ΞF eſt à la ſeptieſme Oϰ, ainſi AF eſt à la ſeptieſme BA. Mais AF eſt double de BA par la conſtruction. *Doncques ΞF eſt double de Oϰ.*

IX. COROLLAIRE.

Oϰ eſt eſgale à Ξδ, F6 Qζ, Eϡ, Dɪ, Cϰ priſes enſemble.

Car

Car puisque ℨF, FQ, QE, ED, DC, CO, OB ou Oχ sont continuellement proportionelles, l'exces de ℨF sur Oχ est esgal à ℨδ, Fε, Qζ, Eϑ, Dι, Cχ prises ensemble par le 2 lemme. Mais l'exces de ℨF sur Oχ est esgal à Oχ, puisque par le corollaire precedent ℨF est double de Oχ. *Doncques Oχ est esgale à ℨδ, Fε, Qζ, Eϑ, Dι, Cχ prises ensemble.*

III. LEMME.

S'il y a quatre lignes, & que deux d'icelles prises ensemble soient esgales aux deux autres qui restent prises ensemble, & qu'en ceste façon il se trouue deux combinaisons de lignes, qui prises ensemble soient esgales entre elles, l'exces dont l'une des lignes de la premiere combinaison surpasse l'une des lignes de la seconde combinaison, est esgal à l'exces dont la ligne restante de la seconde combinaison surpassera la ligne restante de la premiere combinaison.

Soient les lignes AB, CD, EF, GK, & que AB & GK prises ensemble, soient esgales à EF & CD prises ensemble, l'exces dont AB surpassera CD, soit AH: ce faisant, HB sera esgale à CD, semblablement l'exces de FE sur GK soit IE. Ce faisant, HI sera esgale à GK. Ie dis que AH est esgale à IE.

Parce que CD & BH sont esgales, si à HB on adiouste IF, & à CD on adiouste GK, qui est esgale à IF: GK, & CD prises ensemble, seront esgales à IF & GK prises ensemble. Tellement que si de AB & GK esgales à CD & FE prises ensemble, on oste GK & HB prises ensemble esgales à IF & CD prises ensemble, à sçauoir de AB, GK si on oste HB, GK, & de EF, CD si on oste IF & CD, ce qui restera de part & d'autre, sçauoir AH & EI sera esgal. Mais AH est l'exces dont AB surpasse AD, & EI est l'exces dont EF surpasse GK. *Doncques l'exces de AB l'une des lignes de la premiere combinaison sur CD l'une des lignes de la seconde combinaison, est esgal à l'exces de FE, qui est la ligne restante de la seconde combinaison sur GK, qui est la ligne restante de la premiere combinaison.*

Soit la ligne	AB		Et la ligne	GK
	48			40
ou bien	55		ou bien	49
ou bien	72		ou bien	51

Voyez la 1. figure.

Voyez la 4. figure.

Semblablement que la ligne EF	*Et la ligne* CD
ſoit 46	*ſoit* 41
ou bien 54	*ou bien* 50
ou bien 63	*ou bien* 60

Et que la ſöme des lignes AB *&* GK *ſoit égale à la ſöme de* EF *&* CD

Sçauoir la ſomme de 48 *&* 40, *ſoit égale à la ſöme de* 46 *&* 42: *qui eſt* 88.

Celle de 55 *&* 49, *ſoit égale à celle de* 54 *&* 50: *qui eſt* 104.

Auſſi bien que celle de 72 *&* 51, *à la ſomme des nöbres* 63 *&* 60: *qui eſt* 123.

Il arriuera

Que l'exces de AB *ſur* GK *eſt égal à l'exces de* FE *ſur* CD

C'eſt à dire l'exces de 48 *ſur* 46, *eſt égal à l'exces de* 42 *ſur* 40: *qui eſt* 2.

Celuy de 55 *ſur* 54, *eſt égal à l'exces de* 50 *ſur* 49: *qui eſt* 1.

Auſſi bien que celuy de 72 *ſur* 68, *eſt égal à celuy de* 63 *ſur* 51: *qui eſt* 12.

Du dernier lemme, & des corollaires precedens, qui ſont tirez par vne conſequence directe & neceſſaire de ce qui eſt ſuppoſé par le ſieur de la Leu, ſçauoir que

AF, AQ, AE, AD, AC, AO, AB ſont continuelle-ment proportionelles :

Et que l'exces de AD ſur AB eſt eſgal à l'exces de AF ſur AE ; & AF, AB en proportion double. *Il s'enſuit,*

Que AF eſt eſgale à AB.

Le double au ſimple. Ce qui eſt vne abſurdité tres-grande.

Ce que nous ferons voir par les propoſitions ſuiuantes.

PREMIERE PROPOSITION.

FQ *&* QE *priſes enſemble ſont eſgales à* DC, CO, *& Ox priſes enſemble.*

Voyez la 1. fi-gure.

Par l'inſpection de la figure FQ & QE ſont eſgales à FE. Sem-blablement DB ſe trouue eſgale à DC, CO, OB ou Ox priſes en-ſemble. Mais par la conſtruction FE a eſté faite eſgale à DB. Donc-ques FQ & QE *priſes enſemble ſont eſgales à* DC, CO, *&* OB ou Ox *priſes enſemble.*

II. PROPOSITION.

L'exces de Zδ sur Qζ, est esgal à l'exces de Eϑ sur Cκ.

Par le 4 corollaire FQ est esgale à Fε, Qζ, Eϑ, Dι, Cκ, Oκ prises ensemble. Par le 5 corollaire QE est esgale à Qζ, Eϑ, Dι, Cκ, Oκ prises ensemble. *Doncques FQ & QE prises ensemble, sont esgales à Fε, au double de Qζ, au double de Eϑ, au double de Dι, au double de Cκ, & au double de Oκ pris ensemble.*

De plus, par le 6 corollaire DC est esgale à Dι, Cκ, & Oκ prises ensemble. Par le 7 corollaire CO est esgale à Cκ & Oκ prises ensemble. *Doncques DC, CO, OB, ou Oκ prises ensemble sont esgales à Dι, au double de Cκ & au triple de Oκ pris ensemble.*

Par la proposition precedente FQ & QE prises ensemble, sont esgales à DC, CO, & Oκ prises ensemble. Doncques Fε, le double de Qζ, le double de Eϑ, le double de Dι, le double de Cκ, & le double de Oκ pris ensemble, sont esgaux à Dι, au double de Cκ, & au triple de Oκ pris ensemble. Ostant doncques de part & d'autre Dι, le double de Cκ, & le double de Oκ, les restes seront esgaux, sçauoir Fε, le double de Qζ, le double de Eϑ, & Dι, pris ensemble d'vne part, à Oκ toute seule d'autre part. Mais Oκ par le 9 corollaire est esgale à Zδ, Fε, Qζ, Eϑ, Dι, & Cκ, prises ensemble. Doncques Fε, le double de Qζ, le double de Eϑ, & Dι prises ensemble, sont esgales à Zδ, Fε, Qζ, Eϑ, Dι, & Cκ, prises ensemble. Ostant doncques de part & d'autre Fε, Qζ, Eϑ, & Dι, chacune vne fois, les restes seront esgaux, sçauoir Zδ & Cκ prises ensemble d'vne part à Qζ, & Eϑ prises ensemble d'autre part. Partant par le ~~second~~ lemme *l'exces de Zδ sur Qζ, est esgal à l'exces de Eϑ sur Cκ.*

Voyez la 1. figure.

III. PROPOSITION.

AF est esgale à AB.

Car par le 3 corollaire, comme l'exces de Zδ sur Qζ, est à l'exces de Eϑ sur Cκ. Ainsi AF est à AD. Mais l'exces de Zδ sur Qζ, est esgal à l'exces de Eϑ sur Cα par la proposition precedente. Doncques par la 14 du 5 AF est esgale à AD. Or est-il que comme AF est à AD, ainsi AD à AB, quand ce ne seroit que par la supposition du sieur de la Leu; encores qu'en effet elles soient continuellement proportionelles, par la construction. Mais AF vient d'estre monstrée esgale à AD. Doncques par la mesme 14 du 5 AD se trouuera esgale à AB. *Partant AF est esgale à AB.*

Voyez la 1. figure.

C'eſt à dire, comme il a eſté dit vn peu auparauant, le double au ſimple, le diametre entier AF au ſemidiametre AB. Ce qui eſt vne des plus grandes abſurditez imaginables.

Neantmoins ceſte abſurdité ne ſemble aller qu'à la deſtruction de la conclusion que le ſieur de la Leu tire. Tellement qu'il pourroit ſembler à propos de monſtrer la ſource de l'erreur, en laquelle il eſt tombé : Ce qui eſt fort aiſé. Pour cet effet, Il faut remarquer, qu'afin que le ſieur de la Leu vint à bout de ſon intention il eſtoit neceſſaire de monſtrer, que des ſept lignes GF, RQ, HE, ID, CK, PO, LB, en ayant pris vne, & encores celle qui la ſuit, & celle qui la precede immediatement, que ces trois lignes ſont en proportion continuë. C'eſt à quoy il a manqué : Car il ſe demonſtre bien, que GF, RQ, HE ſont continuellement proportionelles; & KC, OP, LB pareillement; & ce ſuiuant la propoſition rapportée en la premiere, & demonſtrée en la ſeconde page de ce diſcours. Car AΠ, AF ſont eſgales par la conſtruction Eα, & ΨF ſont perpendiculaires par la conſtruction, ΠQ par la meſme propoſition. D'où il ſ'enſuit que ΨF, ΠQ, αE, c'eſt à dire GF, RQ, HE ſont continuellement proportionelles. Il eſt de meſme de VC, TO, XB; c'eſt à dire de KC, PO, LB. Et neantmoins il n'en va pas ainſi de RQ, HE, ID, de HE, ID, KC, ny de ID, KC, PO. Car encores que l'arc deſcrit du centre A, de l'interualle AF, ſemble aller rencontrer la ligne HE, au point M, & la ligne ID, au point I, & que l'arc deſcrit du centre A, de l'interualle AQ, ſemble couper le demy cercle FαL, au point α, & la ligne ID au point β, & que ce faiſant MA ſemble eſgale à AF, & βA à AQ, & qu'il paroiſſe ainſi au compas; neantmoins il n'a eſté demonſtré que HE deſia tirée perpendiculaire ſur AF paſſe par les points M, α, & que ID, deſia tirée perpendiculaire ſur la meſme ligne paſſe par le point β, ſuiuant que la propoſition ſus mentionnée le requiert, afin qu'il ſe demonſtre que RQ, HE, ID ſont continuellement proportionelles. Et tant ſ'en faut que le ſieur de la Leu puiſſe le faire, que la choſe de ſoy ne ſe peut demonſtrer, & eſt autant impoſſible, pour le regard de HE, ID, KC, & de ID, KC, PO, qu'elle l'eſt de RQ, HE, ID. Car ſi tant eſt qu'elle fuſt poſſible, il ſ'enſuiuroit que GF, RQ, HE, DI, KC, PO, LB, ſeroient continuellement proportionelles, l'exces de GF ſur HE eſtant eſgal à l'exces de ID ſur LB, & GF, LB eſtant en proportion double, & par conſequent, ainſi qu'il vient d'eſtre demonſtré, que GF ſeroit eſgale à LB.

Il y a doncques de l'Aſyllogiſtie dans le procedé du ſieur de la Leu, c'eſt à dire manque de preuue, de ce qu'il a deu prouuer, &

encores

encores plus de l'impoſſibilité en la preuue de cela meſme qu'il
eſtoit beſoin de prouuer.

Si bien que ſuiuant l'axiome qu'il a publié au placard qu'il fiſt imprimer à ſon partement de la Rochelle pour venir en ceſte ville, il y
a quatre ou cinq mois, lequel axiome eſt receu de tout le monde : Il
ſ'enſuit qu'il ne peut prouuer ce qui eſt neceſſaire pour la demon-
ſtration de ſa pretenduë inuention ; & meſmes quand il l'auroit
prouué, que ſon inuention eſt erronée. L'axiome eſt tel : *Si d'vn
nombre infiny de conſequences, qui ſe tirent du poſé pour vray, vne ſeule
repugne à la verité, le poſé pour vray eſt faux.* Or eſt-il que du poſé
pour vray, que le ſieur de la Leu puiſſe demonſtrer ce qui manque
en ſa preuue, il ſ'enſuiuroit que les lignes GF, RQ, HE, ID, KC,
PO, LB ſeroient continuellement proportionelles, FE demeurant
eſgale à DB, & GF, LB ou AF, AB en proportion double, & par
ce moyen que FG ſeroit eſgale à LB ; c'eſt à dire AF à AB, le
diametre entier au ſemidiametre. Ce qui repugne à la verite, & eſt
l'vne des conſequences qui ſuiuent, de qui vient d'eſtre dit, ſ'il eſt
poſé pour vray. Doncques il reſte à conclurre que lon ne peut poſer
pour vray, ny que le ſieur de la Leu ait prouué ſon intention, ny qu'il
l'ait peu prouuer ; ny quand il l'auroit peu, que ſon inuention de
deux moyennes proportionelles en proportion continuë entre
deux extremes en proportion double ſoit vraye. Reſte à examiner
ſa quadrature du Cercle.

EXAMEN DE LA QVADRATVRE DV
Cercle, propoſée par le ſieur de la Leu.

LE Sr de la Leu propoſe cinq façons, par le moyen deſquelles
on peut, à ſon dire, obtenir la quadrature du Cercle : trois deſquelles ſeruent à l'inuention d'vn quarré eſgal au Cercle ; deux à
l'inuention d'vne ligne eſgale à la circonference du Cercle.

LA PREMIERE eſt contenuë en la 7 & 8 page du liuret qu'il a
faict imprimer l'an 1619 à la Rochelle, qui eſt fort ambiguë : car en la
penultiéme & derniere ligne de ceſte page, & quatre premieres de
la ſuiuante lon y lit ces mots : *Ce que le Cercle contient plus que le quarré
mineur ; c'eſt à dire le quarré inſcrit, eſt la capacité equidiſtante dudit
mineur contenu, ou inſcrit, au maieur contenant, ou circonſcrit. Partant*

D

en obtenant la quadrature dudit Cercle, ou vn quarré de mitoyenne capacité aux deux autres en double proportion, c'est faire la mesme chose. Ces mots signifient clairement que si lon inscrit & circonscrit vn quarré à vn mesme cercle, & que lon trouue vn quarré qui surpasse le quarré inscrit, du mesme exces duquel il est excedé par le quarré circonscrit, que ce quarré est esgal au cercle proposé. Ce qui cause l'ambiguité, est que la construction qui suit en la mesme huictiéme page depuis la dix iusques à la neufuiéme ligne de la page suiuante dit autre chose.

Premiere maniere.

Voyez la 5. figure.

C'est à sçauoir que EF estant le costé du quarré circonscrit, GH, le costé du quarré inscrit dans le cercle CGH, puis faisant NE esgale à FH, & tirant DN, qui couppera l'arc GON au point ♌, & menant I♌K parallele à EF par le point ♌, & là faisant couper les lignes DF, DE, aux points I & K : Que la ligne IK est le costé du quarré esgal au cercle CGOH. Tellement que la capacité du quarré esgal au cercle CGOH, n'est pas la capacité du quarré equidistant des quarrez circonscrit EF, & inscrit GH ; car coupant l'espace HGFE en deux parties esgales, par la ligne LM, la ligne LM sera le costé du quarré equidistant des quarrez EF & GH, & se trouuera bien differente de la ligne I♌K. Neantmoins soit que lon prenne la ligne LM, soit que lon prenne la ligne IK, il y aura tousiours de l'erreur, ce que nous monstrerons par les nombres.

Que lon prenne la ligne IK pour estre le costé du quarré esgal au cercle CHOG, la ligne DH ou DO ou OE estant posée 1. DE sera racine de 2. GP ou HP sera ℞ $\frac{1}{2}$. EG ou EN sera ℞ 2 moins 1. ON sera 2 moins ℞ de 2. PQ sera ℞ 2 moins 1. Or est-il que comme le quarré de DQ, sçauoir $3\frac{1}{2}$ mois ℞ 8, est au quarré de GH, qui est 2, ainsi le quarré de D♌, qui est 1, est au quarré de I♌K, qui est ce qui prouient de la diuision de 2, par $3\frac{1}{2}$ moins ℞ 8. Car comme DQ est à GH, ainsi D♌ est à KI, à cause que les lignes GH, IK sont paralleles. Mais ce qui prouient de la diuision de 2, par $3\frac{1}{2}$ moins ℞ 8, n'est pas plus grand que 3, qui est l'aire ou capacité du dodecagone inscrit au cercle, lequel dodecagone est plus petit que le cercle ; comme il est tres-aisé de le voir : parce que ℞ 8 est plus petite que $2\frac{5}{6}$, car le quarré de $8\frac{1}{36}$, qui est le quarré de $2\frac{5}{6}$ est plus grand que 8 : D'où il s'ensuit que si lon oste $2\frac{5}{6}$ de $3\frac{1}{2}$, le reste sera plus petit, que ce qui resteroit si de $3\frac{1}{2}$ lon ostoit precisément ℞ 8. Or ce reste est $\frac{4}{6}$, si bien que par iceluy si lon diuise 2, le quotient qui est 3 capacité du dodecagone inscrit sera plus grand que le quotient qui prouiendroit de la diuision de 2, par $3\frac{1}{2}$ moins ℞ 8.

Doncques ce qui prouient de la diuision de 2, par 3½ moins ℞ 8 n'eſt pas plus grand que 3, qui eſt l'aire du dodecagone inſcrit au cercle, parce qu'elle eſt triple du quarré du ſemidiametre. *C'eſt pourquoy tant s'en faut que le quarré de la ligne I𝛿𝜀K ſoit eſgal au cercle, qu'il eſt plus petit.*

LA SECONDE des inuentions pour trouuer vn quarré eſgal au Cercle, ſe reſout à trouuer vn quarré equidiſtant des quarrez inſcrit & circonſcrit: c'eſt à dire qu'il faut prendre le quarré de la ligne LM. Pour cet effet, que le diametre du cercle ſoit 2, le quarré circonſcrit ſera 4, l'inſcrit ſera 2, ainſi que le ſieur de la Leu le recognoiſt en la page 7 du liuret ſus mentionné. Doncques le quarré equidiſtant des deux ſera 3, qui eſt la moitié de 6, qui eſt la ſomme tant du quarré circonſcrit 4, que de l'inſcrit, qui eſt 2. Si doncques lon diuiſe 3 par le ſemidiametre qui eſt 1, le quotient qui eſt 3, ſera eſgal à la demie circonference; partant la circonference entiere ſera de 6, qui ſera triple de 2, qui eſt le diametre entier. *Tellement que la circonference ſera eſgale au circuit de l'hexagone inſcrit au Cercle,* lequel circuit du conſentement de tout le monde eſt plus petit que la circonference du Cercle. *Doncques la circonference eſt eſgale à ce qui eſt de beaucoup plus petit qu'elle meſme.*

LA TROISIESME FAÇON eſt propoſée en la propoſition du placard du 18 Aouſt dernier, imprimée à coſté de la figure ſeruāt à ce diſcours; & eſt telle: Il faut oſter de la diagonalle GA vne neufuiéme partie, le quarré du reſte, ſçauoir des huict neufuiémes de AG, ſera eſgal au quarré eſgal au Cercle, qui a pour diametre le coſté du quarré, dont AG eſt diagonale; c'eſt à dire au cercle F𝛼LA entier. En voicy les paroles expreſſes: *Auſſi eſt-ce la ligne qui paſſe de A ſur CD, par le point 60 de la croix, faiſant vn quart d'angle droict, qui indique vn neuf de ligne, qui faut ſouſtraire de la diagonalle du quarré, pour auoir le quarré du Cercle, ayant pour diametre le coſté d'iceluy.* Tellement que ſi GA eſt de 9 parties, le quarré des huict neufuiémes de GA contiendra $\frac{64}{81}$ du quarré de GA, dont le quarré AF ne contient que la moitié du conſentement du ſieur de la Leu. Or eſt-il que la moitié du quarré GA eſt plus petite que $\frac{64}{81}$ du meſme quarré, car ½ eſt plus petit que $\frac{64}{81}$. Ainſi qu'il paroiſt à l'inſpection ſeule des produits de la multiplication de ½ & $\frac{64}{81}$; par 2: car celuy-cy ſera $\frac{128}{81}$ ou $1\frac{47}{81}$, plus grand que celuy-là, qui eſt $\frac{2}{2}$ ou 1. Doncques le quarré *de la ligne contenant huict neufuiémes de la ligne AG, eſt plus grand que le quarré de AF.* Mais le quarré de la ligne AF eſt le quarré circonſcrit au cercle F𝛼 ZLA entier, qui eſt plus grand que le cercle F*a*ZLA entier; comme le sieur de la Leu en est d'accord. Doncques *le quarré de la ligne contenant huict neufuiémes de la ligne AG, est plus grand que le cercle F*a*ZLA*, & si il luy est esgal par la supposition du sieur de la Leu.

Quatriéme maniere.

LA PREMIERE des manieres de trouuer vne ligne esgale à la circonference d'vn cercle, est contenuë au mesme placard du 18 Aoust dernier en ces mots : *D'où il resulte que la droite IK est esgale à la courbe C, 15, 8.* C'est à dire en la figure de ce discours, que HE est esgale à l'arc FMI, ou à la huictiéme partie de la circonference du cercle FΠMI entier. Car l'angle GAF est la moitié d'vn droict.

Voyez la 1. figure.

Cela posé pour vray, & FA de deux parties. LA est double en puissance de BA, partant ℞ 2. DB sera ℞ 2 moins 1. AE 3 moins ℞ 2, qui sera par consequent esgale à l'arc FΠMI. Si bien qu'en multipliant 3 moins ℞ 2, par 8, parce que l'arc FΠMI est contenu huict fois dans le cercle entier, lon aura la circonference entiere. Il faudra donc multiplier 3 par 8, le produit sera 24 : & ℞ 2 par 64, le produit sera 128. Si bien que le produit, que lon cherche, sera 24 moins ℞ 128, qui est esgal à la circonference entiere. La racine de 128 plus grande qu'il ne faut est $11\frac{7}{22}$. Doncques en l'ostant de 24, ce qui restera sçauoir $12\frac{15}{22}$ sera plus petit que ce qui deuroit rester, & seruir de mesure à la circonference, au cas que de 24 lon eust osté precisément la racine de 128. Doncques la circonference, tout au plus contient $12\frac{15}{22}$ de parties telles, que le diametre en contient 4 : c'est à dire en prenant le quart de l'vn & de l'autre, qu'elle sera de $3\frac{15}{88}$ de parties telles, que le diametre en contient 1. A ce conte la circonference contiendroit plus de $3\frac{1}{7}$ de parties telles, que le diametre en contient 1. Comme il se verra en multipliant $\frac{15}{88}$ & $\frac{1}{7}$, par 7, car le produit de la premiere multiplication, qui est $\frac{105}{88}$, qui vaut autant à dire que $1\frac{17}{88}$; est plus grand que le produit de la seconde multiplication, sçauoir $\frac{7}{7}$, c'est à dire 1. *Partant vne ligne plus petite que la circonference d'vn cercle, sera plus grande qu'vne ligne plus grande que la mesme circonference,* qui est vne contradiction euidente.

Cinquiéme maniere.

LA SECONDE maniere de trouuer vne ligne droite esgale à la circonference d'vn cercle, est d'oster du quarré du diametre vne neufuiéme partie, & de diuiser les huict parties restantes par la moitié du diametre, car doublant le quotient de la diuision lon aura la circonference requise. Ceste façon est enseignée au liuret sus mentionné, imprimé en l'an 1619, page 23, es lignes 18. 19. 20. 21. & 22. en ces mots : *Soustrayant du nombre que contient le diametre du cercle,* $\frac{1}{9}$

de

de ligne, le reste sera pour la ligne d'vn costé du quarré, duquel la capacité sera esgale à la capacité circulaire. Ce qui est repeté en plusieurs Voyez la 1. fi-gure.
endroits, nommément en la page 34 & 47. Soit donc AF de 9
parties, ostant de 9, vne neufuiéme partie qui est 1, le reste sera 8, le
quarré de 8 est 64, esgal au cercle FAZL : c'est ce qui est dit expres-
sément page 34, en ces mots : *Soustrayez du diametre susdit de 9 vne
neufuiéme partie, qui sera 1, restera 8, pour la ligne du quarré YTVX,
lesquels produiront 64 comme dessus, pour la capacité dudit quarré acquis
esgal à la capacité circulaire.* Diuisant doncques 64 par $4\frac{1}{2}$, qui est la
moitié du diametre, le double du quotient, sçauoir $28\frac{4}{9}$ sera esgal à
la circonference entiere. Doncques la circonference contient tout
au moins $28\frac{4}{9}$ de parties telles que la circonference en contient 9.
C'est à dire en prenant la neufuiéme partie de l'vn & de l'autre, que
la circonference sera de $3\frac{13}{81}$ de parties, telles que le diametre en contient 1. A ce conte la circonference contiendroit plus de $3\frac{1}{7}$ de parties telles, que le diametre en contient 1. Comme il se verra à
l'inspection seule des produits de la multiplication de $\frac{13}{81}$, & $\frac{1}{7}$, par 7;
car le produit de la premiere multiplication qui est $\frac{91}{81}$, qui vaut autant à dire que $1\frac{10}{81}$, est plus grand que produit de la seconde, qui
est $\frac{7}{7}$, c'est à dire 1.

Il faut conclure de ces deux dernieres manieres, de trouuer vne
ligne esgale à la circonference d'vn cercle, *qu'vne ligne plus grande,
qu'vne autre ligne plus grande, que la circonference d'vn cercle est esgale
à la mesme circonference.* Car Archimede a demonstré, & tout le
monde en demeure d'accord, que la circonference d'vn cercle est
plus petite qu'vne ligne, qui contient trois fois le diametre du mesme cercle, & encores vne septiéme partie d'iceluy. Or il vient
d'estre monstré, que chacune des lignes pretendues esgales à la circonference, est plus grande que trois diametres, & encores vne
septiéme partie du mesme diametre prises ensemble.

Pour conclusion, toutes ces cinq manieres de trouuer vn quarré
esgal à vn cercle, ne peuuent ensemblément ny separément estre
tenuës pour veritables. Ensemblément, parce que premierement
elles sont contraires les vnes aux autres, toutes cinq estant toutes
entierement differentes. 2. parce que la premiere & troisiéme con-
trarie aux trois autres en ce point, qu'en celles-cy les termes de la
raison du diametre à la circonference sont partie rationels, &
nombre absolus, partie irrationels & inexpliquables, au lieu qu'en
celles-là ils sont absolument rationels & commensurables. Elles ne
peuuent non plus separément estre vrayes, au moyen des absurdi-

tez, & contrarietez à la verité, lesquelles s'en tirent par vne confe-
quence neceſſaire. Ce qui ſe voit par la preuue qui ſ'en eſt faicte par
nombres, nonobſtant l'incertitude où lon peut eſtre, à laquelle des
cinq le ſieur de la Leu ſe voudra arreſter. La preuue lineale ne man-
quera neantmoins, & ſi tant eſt qu'il en ſoit ſi fort beſoin, & où il
ſera neceſſaire fera voir, que celle que ledit Sieur pourra choiſir du
nombre des cinq cy deuant rapportées eſt fauſſe, meſmes ſi toutes
luy aggreent, que toutes ſont eſgalement fauſſes & erronées.

PREVVE GEOMETRIQVE DES
*abſurditez qui ſ'enſuiuent de chacune des cinq manieres
pour obtenir la quadrature du cercle, propoſées
par le ſieur de la Leu.*

LA QVADRATVRE du cercle, c'eſt à dire les cinq manieres
pour l'obtenir, propoſées par le ſieur de la Leu, venant d'eſtre
examinée par les nombres, qui contraignent de la tenir pour erronée, il faut voir ſi la preuue Geometrique ſe trouuera contraire.

Pour y proceder auec plus de facilité nous conſidererons en particulier chacune des cinq manieres qui viennent d'eſtre rapportées,
& pour venir à bout de noſtre intention, nous poſerons pour axiome ce qui enſuit, qui eſt concedé de tout le monde : ſçauoir que,

*Le circuit d'vn polygone circonſcrit à vn cercle, eſt plus grand que la
circonference du meſme cercle ; & que la ſuperficie d'vn polygone inſcrit
dans vn cercle, eſt plus petite que la ſuperficie du meſme cercle.* De plus
nous prendrons les deux lemmes ſuiuans, & les demonſtrerons.

LEMME PREMIER.

*Le rectangle compris ſous le coſté d'vn polygone inſcrit dans vn cercle,
& ſous le quart d'autant de diametres, que le polygone a de coſtez, eſt
eſgal à la ſuperficie du polygone inſcrit au meſme cercle, ayant deux fois
autant de coſtez qu'en a le polygone premierement inſcrit.*

Soient, tant le quarré NKS, que l'octagone NPKXS, BGY,
inſcrits tous deux au cercle NPKSBGY. Ie dis que le rectangle
compris ſous PB, KN, qui eſt le rectangle compris ſous le coſté
du quarré, & ſous vn diametre, c'eſt à dire, parce que le quarré a
quatre coſtez, ſous le quart d'autant de diametres que le quarré
a de coſtez, eſt eſgal à l'octagone NPKXSBGY.

Soit tirée la ligne PB,
parce que par la 29 du 3,
les angles ZAP, PAC
font efgaux, puifque les
peripheries NP, PK
font efgalles, & les an-
gles ANQ, QKA, à
caufe de l'egalité de
NA, AK, femidiametres
d'vn mefme cercle par la
5. du 1. les angles NQA,
AQK fur vne mefme, &
à cofté d'vne mefme li-
gne qui refteront feront
efgaux, & tous deux

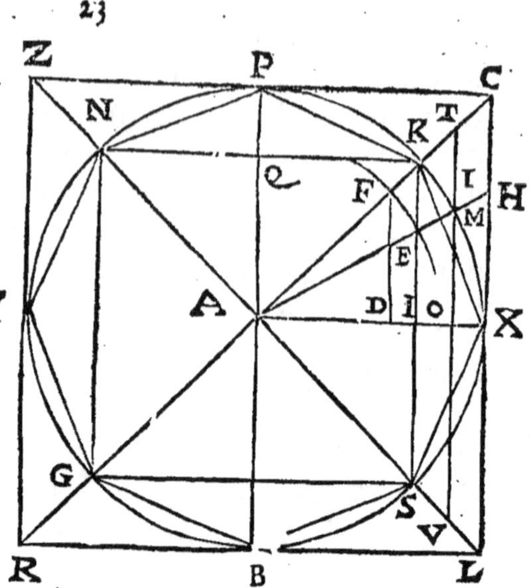

droicts par la definition de l'angle droict. Doncques la ligne PB eft
perpendiculaire fur la ligne NK; & la diuife en deux parties au point
Q par la 27 du 3. Partant par la 41 du 1 le rectangle côpris fous AQ,
QK eft double du triangle AQK & efgal au triangle NAK. Pour la
mefme raifon le rectâgle fous PQ, QK eft double du triâgle PQK,
& efgal au triangle NPK. Doncques les rectangles fous PQ, QK,
& fous AQ, QF fontefgaux aux triangles NPK, NKA. Mais les
rectangles fous PQ, QK, & fous AQ, QK font efgaux aux rectangles fous AP, QK par 1 du 2. Doncques le rectangle fous AP, QK
eft efgal aux triangles NPK, NKA pris enfemble, c'eft à dire au
quadrilatere NPKA: & le rectangle fous AP, NK au double du
quadrilatere KPN, A c'eft à dire au trapeze KPNYG. Semblable-
mét le rectâgle fous AB, GS fe trouuera efgal au trapeze GBSZK,
mais les deux rectangles fous AP, NK, & fous AB, GS, font efgaux
au rectâgle BP & NK par la 1 du 2. Doncques le rectangle fous PB
diametre du cercle, & NK cofté du quarré infcrit eft efgal aux deux
trapezes GYNPK, KXSBG, c'eft à dire à l'octogone infcrit. *Doncques le rectangle compris fous le quart d'autant de diametres qu'vn polygone infcrit au cercle a de coftez, & fous le cofté du mefme polygone, eft
efgal au polygone infcrit au mefme cercle, ayant deux fois autant de coftez
qu'en a le polygone premierement infcrit.*

COROLLAIRE.

Le Dodecagone infcrit au cercle, eft triple du quarré du femidiametre.
Car le rectangle fous le cofté de l'hexagone infcrit en vn cercle,

& ſous vn diametre & demy, qui eſt le quart de ſix diametres, autant que l'hexagone a de coſtez, eſt eſgal au dodecagone inſcrit au meſme cercle par le lemme precedent. Mais le rectangle ſous vn diametre & demy, qui valent trois ſemidiametres, & ſous vn ſemidiametre, eſt eſgal à trois quarrez du ſemidiametre par la 1 du 6. Doncques *le Dodecagone inſcrit eſt triple du quarré du ſemidiametre.*

LEMME II.

Le circuit du triangle equilateral circonſcrit, eſt eſgal au coſté du triangle equilateral inſcrit pris ſix fois.

Soit dans le cercle EFD inſcrit le triangle equilateral FED par la 1 du 1, & 2 du 4, & du centre G, ſoient tirées les lignes EG, GF, GD, & par les points EFD, ſoient tirées les lignes EA, FC, CD perpendiculaires ſur les lignes EG, GF, GD, qui ſe rencontreront es points A, C, & B. Ie dis que le triangle ACB eſt equilateral ; & que les coſtez AC, CB, AB pris enſemble ſont eſgaux à ED pris ſix fois. Parce que FD, ED ſont eſgales par la conſtruction, & que GF, GE ſemidiametres d'vn meſme cercle le ſont auſſi, & que GD eſt commune, les angles FDG, GDE ſont eſgaux, contenant chacun vn tiers d'vn angle droict, car l'angle FDE entier contient deux tiers d'vn angle droict. Or les angles GDC, GDB ſont droicts, donc les angles FDC, EDB qui reſtent ſont eſgaux, & contiennent chacun deux tiers d'vn angle droict. Par la meſme façon les angles CFD, EDB ſe trouueront eſgaux, & contiendront chacun deux tiers d'vn angle droict. Donc les angles FCD, EBD contiennent chacun deux tiers d'vn angle droict. Doncques les angles CAB, BCA, ABC ſont eſgaux, & les coſtez AB, BC, CA. *Doncques le triangle ABC eſt equilateral.* Chacun des triangles BED, DCF, EFA eſt equilateral & equiangle, & a vn coſté commun auec le triangle FED : Doncques chacun des coſtez FA, AE, EB, BD, DC, CF ſont eſgaux entre eux, & au coſté DE. Donc *ED priſe ſix fois eſt eſgale à FA, AE, EB, BD, DC, CF priſes enſemble.*

CO-

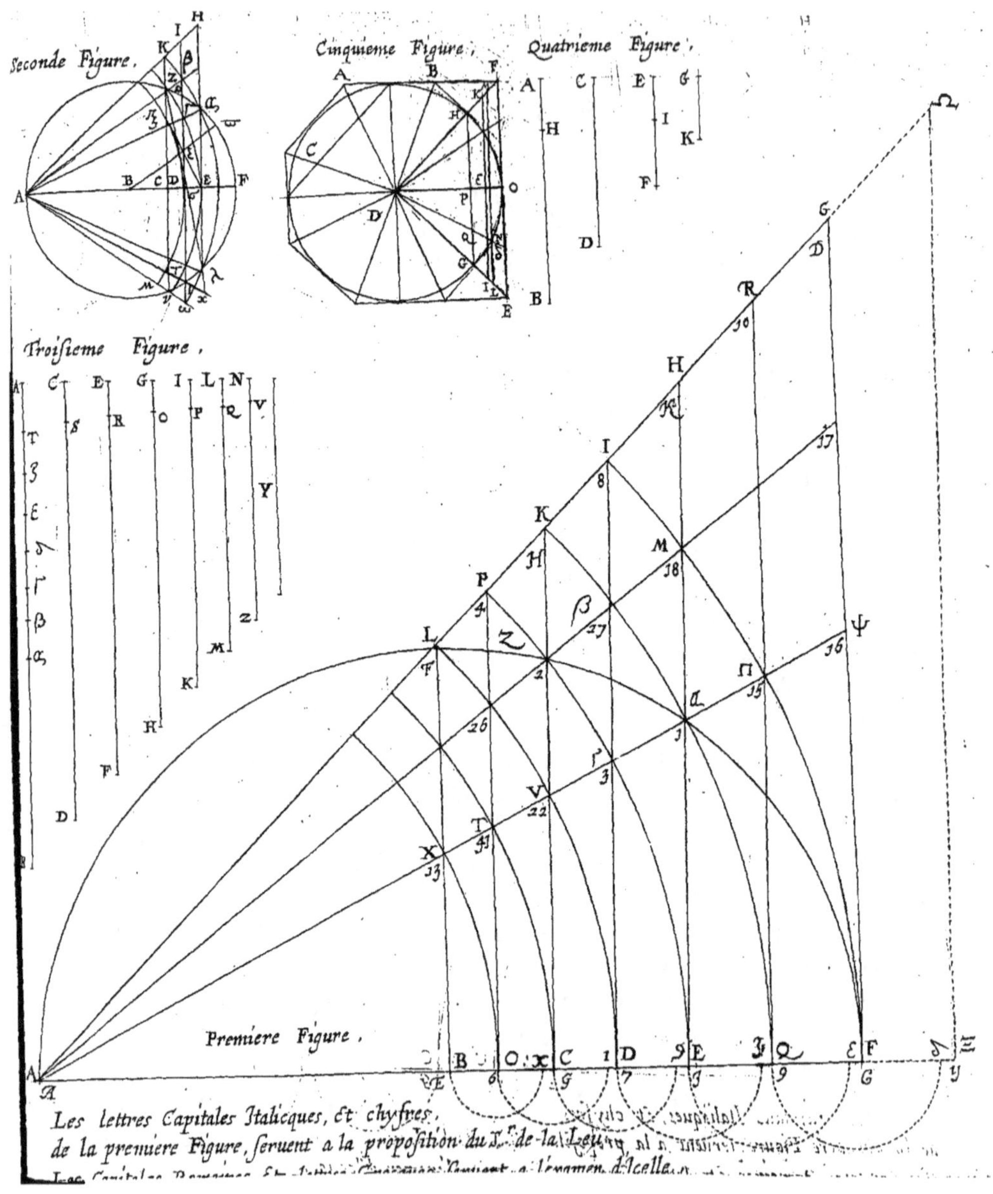

Les lettres Capitales Italicques, & chyfres,
de la premiere Figure, seruent a la proposition du I. de la Lettre
Les Capitales Romaines, & lettres Grecques, seruent a l'examen d'icelle.

dont l'examen est contenu au discours suiuant.

SI de l'vne extremité du diametre d'vn demy cercle, on tire sur iceluy deux lignes droittes, comme on voudra, en sorte que l'inferieure soit prolongée iusques à ce que du terme de la superieure on la puisse circulairement rencontrer, rebroussant ainsi du terme de l'inferieure iusques à la ligne superieure, il se constituera vn quadran, composé de deux lignes droittes esgalles, & deux courbes, tirant la droitte diagonalle sur le diametre, elle y constituera angle droit, & ceste ligne sera moyenne proportionnelle aux deux autres paralellement tirées des deux autres extremitez du quadran, auquel si vn autre est adiousté par vne tierce ligne menée ainsi que les deux premieres: Ou qu'elle diuise le premier quadran, coupant l'angle mixte de ses diagonalles; Il se fera quatre quadrans enclos en vn, qui en aura deux pour diametre, & cinq lignes continuellement proportionnelles deux de plus pour chacun quadran diametral adiousté.

Soit posé pour diametre du demy cercle AFC, AC, costé du quarré AD, & AC, AD pour les lignes coupant le cercle en CF. de A declinant de C sur AD diagonalle, la rencôtre se fait au poinct 8, & montant de F sur le costé diametral au poinct 7. comme F 8 & 7C sont esgalles, de mesmes CF & 7,8 selon la proposition, aussi est la ligne 7, 8 moyenne proportionelle entre EF, CD, extremitez du quadran.

Pour preuue que l'espace E 7, transposé en IC, IK, GH, sont les deux moyennes proportionelles entre EF & CD. Faut noter que i'ay tiré de A, A 16. passant iustement à l'angle 1. fait par la ligne IK sur le demy cercle, & A 17. par l'angle 18. fait sur le quart du cercle par IK. Or A, 17. a coupé le demy cercle au poinct 2. duquel GH a esté menée: AD, A 17 d'vne part, & F, 26, 7, 2, I, 2, 4 d'autre, constituent le quadran F. 2. sur le demy cercle, d'où resulte que la ligne 6, 26, 4, est moyenne proportionelle entre EF, GH, A 17, A 16, 2, 3, I, 1, 9, & 1, 27, H font autre quadran 2, 1, par où passent les ligues IK, GH entre lesquelles se rencontre comme il se doit la premiere ligne acquise, 7; 8 proportionelle à EF. CD. Car AE ou FE son esgalle, estant posée. ℞ 2. qui fait 8 de Cube, CD, ℞ 4 sera 64. qui multipliez par 8. le prouenant sera 512 pour N qc. de 7, 8. Le mesme est de 16. valeur GH multipliée par 32 celle de IK. Derechef AD, A, 16 F 22, 1, H font le double quadran 1. F esgal à 22. H, & la ligne GH moyenne proportionelle entre IK, & EF. Aussi est IK moyenne entre GH & CD. Car AC & A, 17, 2, 3, IC, 15, 18. constituent le quadran C, 2 où I, 18 esgalle extremité. AC, A 16, 1, 9, & C, 15. font encor le quadran C1. ou 9, 15. Or ces 3 ensemble F2, 2, 1. 1C sont parfaictement contenuës par le premier CF. S'ensuit selon la proposition, que les 7. lignes EF. 6, 4 GH. 7. 8. IK, 9, 10. & CD, sont continuellement proportionelles. Partant que 9, 10 IK le sont entre CD. 7, 8 double & simple puissance. Item GH. 6, 4. entre 7, 8. EF. S'ensuit donc necessairement que IK, GH sont les deux moyennes proportionnelles, requises entre CD, EF double & simple grandeur. Partant que le double Cube est icy suffisamment demonstré, selon qu'il a esté proposé en ma premiere figure Mathematique: De plus, il est aussi demonstré que la ligne C8 de l'octogone, rencontre iustement celle de IK à l'angle 17, partant CA, 17, sont cinq douze d'angle droit. Il y a tant de choses à dire sur cet admirable renuersement, qu'elles requeroient vn discours entier: Mais me ressouuenant de ce que i'ay dit ailleurs, que par la transposition des mains de Iacob, sa dextre sur le cadet Ephraim, & la senestre sur l'aisné Manassé, il auoit mistericusement demonstré le double du Cube, & quadrature du cercle; pour le prouuer, il appert assez que ie ne me suis seruy d'autre moyen en la presente demonstration: Car soit F 22, 7. prins pour le corps de Iacob, les deux bras, comme chacun sur son poinct ont viré pour transposer le droict FD. sur le cadet C & 7. 12. son esgal sur l'aisné solide 8. Aussi est ce la ligne qui passe de A, sur CD par le poinct 60. de la croix, faisant vn quart d'angle droict, qui indique vn neuf de ligne qu'il faut soustraire de la diagonalle du carré, pour auoir le carré du cercle, ayant pour diametre le costé d'iceluy. D'où resulte que la droicte IK, est esgalle à la courbe C, 15 8. Et qu'ainsi s'accorde, le parfaict contenant circulaire, auec le Rayon radical, sa partie contenuë. Faict à Paris en l'Hostel

Proposition du sieur de
la Leu dont l'examen est
contenu au discours suivant.
Fait à Paris en l'Hostel
d'Vzais, le 18. iour d'Aoust
1630.

Ce dept. fait partie
de V, 1040

[Les p 25-32 sont
reliées par erreur ap.
la pièce V 1037]

COROLLAIRE.

Le circuit du triangle circonscrit à vn cercle est plus petit que six dia-metres du mesme cercle pris ensemble.

En la figure precedente les deux lignes GD, GE prises ensemble font plus grandes que le costé CD par la 20 du 1. Mais GD, GE prises ensemble font esgales au diametre entier. Doncques le dia-metre est plus grand que le costé ED. Doncques six diametres font plus grands que six ED, qui font esgales au circuit du triangle circonscrit par le lemmè precedent. Doncques *le diametre pris six fois est plus grand que le circuit du triangle circonscrit.*

PREMIERE PROPOSITION.

Le quarré, que le sieur de la Leu suppose en la premiere maniere par luy enseignée, estre esgal à vn cercle, est plus petit que le dodecagone inscrit au mesme cercle.

NOvs repeterons icy ce qui a esté dit cy-deuant de la premiere façon de trouuer vn quarré esgal à vn cercle, au conte du sieur de la Leu.

Soit le cercle NPKSD, auquel le quarré ZCRL soit circonscrit, & le quarré NGSK inscrit, les diagonalles ZL, RC estant tirées, & CH faite esgale à KC, si lon tire AH du centre A, qui couppera la circonference DKX au point M, & par le point M si lon tire la ligne TMOV parallele à la ligne CL, qui couppeµa les lignes AL, AC, es points T & V. Le quarré de la ligne TV, suiuant la suppo-sition du sieur de la Leu, sera esgal au cercle PKX, SBY.

Neantmoins tant s'en faut qu'il soit esgal au cercle, qu'il est plus petit que le dodecagone inscrit au mesme cercle NPKXSBG.

Auparauant que de le monstrer il faut prendre garde que de ceste construction il s'en tire trois choses. *Premierement que le quarré de XH est double du quarré de AC.*

Parce que la ligne CX touche le cercle PKX, & la ligne CG le couppe au point K, le quarré de CX sera esgal au rectágle fous KC, CG par la 36 du 3. Et par la 17 du 6, comme CG est à CX, ou GA, ainsi CX est à KC ou CH. Et par le premier lemme rapporté en la 8 page de ce discours. Comme AC qui est l'exces de CG sur KA,

F

ou AG eſt à XH, qui eſt l'exces de XC ſur XH, ainſi CX eſt à HC, & en changeant par la 16 du 5, comme AC eſt à CX, ainſi XH eſt à CH. Et par la 16 du 6. Comme le quarré de AC eſt au quarré de CX, ainſi le quarré de XH eſt au quarré de HC. Mais le quarré de AC eſt double du quarré de XC. Doncques *le quarré de XH eſt double du quarré de HC.*

En ſecond lieu, *que CH eſt eſgale à EI.*

Parce que comme XC eſt à KI, ainſi HX eſt à EI : & que comme le quarré de XC eſt au quarré de KI, ainſi le quarré de XH eſt au quarré de EI, le quarré XC eſtant double du quarré de KI, il ſ'enſuit que le quarré de XH eſt double du quarré de EI. Mais le quarré de XH eſt double du quarré de HC. Doncques le quarré de EI a au quarré de XH la meſme raiſon que le quarré CH. Doncques par la 9. du 5. le quarré de CH eſt eſgal au quarré de EI, & *la ligne CH à la ligne EI.*

En troiſiéme lieu, il eſt certain que *CH ou EI eſt plus petite que la troiſiéme partie de AC.*

Car puis qu'il a eſté monſtré que XH eſt à CH, comme AC ou XC à AK, il ſ'enſuit par la 14 du 5 que XH eſt plus grande que CH, & partant que EI eſt plus petite que la moitié de AK. Or eſt-il que EI a eſté monſtré eſgale à HC ou CK. Doncques AC contient EI deux fois, & encores XH plus grande que ED. Doncques AC contient EI plus de trois fois. Doncques *EI eſt plus petite que la troiſiéme partie de AC*, & ſon quarré plus petit que la neufuiéme partie du quarré de CA.

Cela ſuppoſé, nous monſtrerons que le quarré de la ligne TV eſt plus petit que le dodecagone inſcrit au cercle NPCM. Le quarré de AE eſt eſgal au quarré EI plus petit que la neufuiéme partie du quarré AC, & au quarré de AI pris enſemble par la 47 du 1. Le quarré de AI eſt ſouſdouble du quarré de AK, qui eſt ſouſdouble du quarré de AC. Doncques le quarré de AI contient le quart du quarré de AC. Doncques le quarré AE eſt plus petit que le quart, & la neufuiéme partie priſes enſemble; c'eſt à dire que treize trenteſixiémes du quarré AC. Suppoſons qu'il ſoit eſgal. Puiſque les lignes KI, CX ſont paralleles, comme AE eſt à AM, ainſi KS eſt à TV par la 4 du 6 : & le quarré de AE au quarré de AM, comme le quarré de KS au quarré de TV, par la 16 du 6. Doncques puis que le quarré de AE eſt ſuppoſé contenir treize trenteſixiémes du quarré AC, & que le quarré AM en contient en effet la moitié, Il ſ'enſuit, que comme treize trenteſixiémes du quarré AC ſont à la moitié, ainſi le quarré de KS eſt au quarré de TV. Mais le quarré de KS eſt double du quarré de AK. Doncques à ceſte raiſon comme treize trenteſixiéſmes ſont la moitié du quarré AK, ainſi le quarré de KS double du quarré de AK, ſera à trente ſix treziémes du quarré de AK, qui valent autant que le double & dix treziémes du quarré

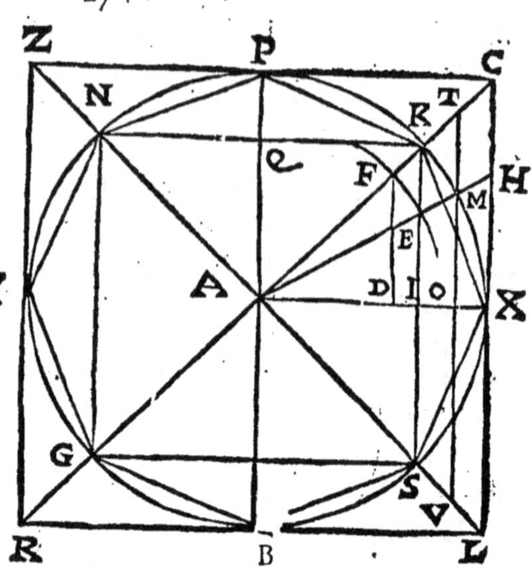

KA, & ſont eſgales au quarré de TV, ſuiuant la ſuppoſition qui a eſté faicte, encores qu'en effet elles ſoient plus grandes. Or eſt-il que le double & dix treziémes du quarré de AK ſont plus petits que le triple du meſme quarré de AK, lequel quarré de AK pris trois fois, eſt eſgal au dodecagone inſcrit au cercle, par le corollaire du premier lemme. Doncques *le quarré de la ligne TV eſt plus petit que ce qui eſt plus petit que le dodecagone inſcrit au cercle: à plus forte raiſon plus que le dodecagone inſcrit au cercle.* Doncques le quarré de la ligne TV eſt plus petit que le cercle, par l'axiome rapporté en la page 22 de ce diſcours.

SECONDE PROPOSITION.

Le quarré equidiſtant tant du quarré circonſcrit que du quarré inſcrit au cercle, que le ſieur de la Leu, en ſa ſeconde maniere, ſuppoſe eſtre eſgal au cercle, eſt eſgal au dodecagone inſcrit au cercle.

LE quarré inſcrit au cercle eſt double du quarré du ſemidiametre, du conſentement du ſieur de la Leu: Le quarré circonſcrit tout de meſme eſt double du quarré inſcrit. Doncques le quarré circonſcrit eſt double du double, c'eſt à dire quadruple du quarré du ſemidiametre. Doncques la ſomme des quarrez inſcrit & cir-

confcrit eft fextuple du quarré du femidiametre. Car quatre &
deux adjouftez enfemble font 6, la moitié de 6 eft 3, qui eft equidiftant de 4 & de 2: Car l'exces de 4 fur 3 eft efgal à l'exces de 3 fur 2.
Doncques le quarré equidiftant du quarré circonfcrit quadruple
du quarré du femidiametre, & du quarré infcrit double du quarré
du femidiametre, eft triple du quarré du femidiametre. Mais le
triple du quarré du femidiametre eft efgal au dodecagone infcrit
par le corollaire du premier lemme. Doncques *le quarré equidiftant*
des quarrez infcrit & circonfcrit, eft efgal au dodecagone infcrit au cercle:
lequel dodecagone infcrit eft plus petit que le cercle, fuiuant
l'axiome rapporté en la page 22.

TROISIEME PROPOSITION.

Le quarré, que le fieur de la Leu, par fa troifiéme maniere, fup-
pofe eftre efgal à ʋn cercle, eft plus grand que le quarré cir-
confcrit au mefme cercle.

L E S I E V R D E L A L E V (comme il a efté dit cy-deüant) fur
la fin de la propofition contenuë au placard du 18 Aouft dernier, met en auant que le cercle ayant pour diametre le cofté d'vn
quarré, eft efgal au quarré des huict neufuiémes de la diagonale du
mefme quarré. Or eft-il que huict neufuiémes de la diagonale d'vn
quarré font plus grandes que le cofté du mefme quarré; c'eft à dire,
plus que le diametre du cercle. Par ce que le cofté d'vn quarré eft
plus petit que les trois quarts de la diagonale. Car le quarré des trois
quarts de la diagonale contient neuf parties du quarré de la diagonale, telles que le quarré de la diagonale entiere en contient feize.
Partant le quarré des trois quarts de la diagonale contient plus de la
moitié du quarré de la diagonale. Or le quarré du cofté contient la
moitié du quarré de la diagonale. Doncques le quarré des trois
quarts de la diagonale eft plus grand que le quarré du cofté. Doncques les trois quarts de la diagonale font plus grands que le cofté du
quarré. Mais huict neufuiémes de la diagonale font plus grandes
que les trois quarts de la mefme diagonale; car huict neufuiémes
valans autant que trente deux trentefixiémes font plus grands que
vingt fept trentefixiémes, qui valent autant que trois quarts. Doncques huict neufuiémes de la diagonale font plus grands que trois
quarts de la mefme diagonale. Doncques *le quarré de huict neufuié-*

mes de la diagonale eſt plus grand que le quarré du diametre, ou quarré circonſcrit au cercle, qui eſt plus grand que le cercle, par l'axiome rapporté en la page 22.

~~~~~~

QVATRIEME PROPOSITION.

La ligne, que le ſieur de la Leu ſuppoſe en ſa ~~cinquieme~~ quatriéme maniere, eſtre eſgale à la huiƈtiéme partie de la circonference du cercle, priſe huiƈt fois, eſt plus grande que le circuit du triangle circonſcrit au meſme cercle.

LE SIEVR DE LA LEV (ainſi que deſia il a eſté dit) ſur la fin de la propoſition contenuë au placard du 18 Aouſt dernier, aſſeure que la ligne AE, ou EH, qui eſt la premiere & plus grande des moyennes en proportion continuë par luy pretenduës, entre GF & LB, en proportion double, eſt eſgale à la huiƈtiéme partie de la circonference FΠMI. Ce faiſant la ligne AE priſe huiƈt fois ſera eſgale à la circonference entiere.

Tant ſ'en faut neantmoins qu'elle ſoit eſgale, qu'elle eſt plus grande que le circuit du triangle equilateral circonſcrit au meſme cercle, dont l'arc FΠMI fait la huiƈtiéme partie, comme il ſe verra: Parce que AB, AD, AF eſtant continuellement proportionelles l'exces de AF ſur AD, qui eſt FD, ſera l'exces de AD ſur AB, qui eſt DB, comme AF à AD ſuiuant le lemme demonſtré en la 8 page, Puiſque AF eſt plus grande que AD, il ſ'enſuit par la 14 du 5 que FD eſt plus grande que DB, mais FE a eſté faite eſgale à BD: doncques en adiouſtant ED, de part & d'autre, FE ſe trouuera eſgale à BD. Doncques BE eſt plus grande que la moitié de BF ou de AB.

Or eſt-il que la ligne AE priſe huiƈt fois eſt eſgale à la ligne AB priſe huiƈt fois, & à la ligne BE priſe huiƈt fois. La ligne AB priſe huiƈt fois eſt eſgale au diametre AF pris quatre fois; car AB fait moitié de AF. Et d'autre part EB priſe huiƈt fois eſt plus grande que la moitié de la ligne AB priſe huiƈt fois, c'eſt à dire plus grande que le diametre AF pris deux fois. Doncques la ligne AE priſe huiƈt fois eſt plus grande que le diametre AF pris ſix fois. Mais le diametre AF pris ſix fois eſt plus grand que le circuit du triangle equilateral circonſcrit par le corollaire du ſecond lemme. Donc-ques la ligne *AE priſe huiƈt fois eſt plus grande que le circuit du trian-*

Voyez la premiere figure de taille douce miſe au cōmencement.
~~~~~~

gle equilateral circonscrit au cercle FΠMI: lequel circuit est plus grand que la circonference du cercle FΠMI, par l'axiome rapporté en la page 22. Doncques *la ligne que le sieur de la Leu suppose deuoir, prise huict fois, estre esgale à la circonference du cercle, est plus grande que la mesme circonference.*

QVAND A LA cinquiéme maniere, ce qui en a esté dit vn peu auparauant deuroit suffire, quand ce ne seroit que pour ceste raison seule, que desia elle a esté examinée par les nombres à la Rochelle, & refutée par quelques personnes de sçauoir en l'an 1623, ainsi qu'il est rapporté es pages 3, 4 & 5 d'vn liuret sans nom *in quarto,* publié vn peu apres, par le sieur de la Leu, sous le tiltre de *Discours Mathematicq, dont la cause est prise de l'improbation de la quadrature du cercle recentement mise en lumiere,* encores qu'il n'ait tenu ceste censure pour valable, non pas à cause qu'elle procedoit par les nombres, mais à cause qu'elle estoit fondée sur la 47 du 1; de laquelle il ne veut demeurer d'accord qu'elle soit vraye. Ce qui donnera sujet de remarquer en passant, que pour lors il n'excipa point contre les nombres, comme il a faict depuis en son placard du mois d'Aoust dernier, & qu'il accorda que ce qui se trouuoit par les nombres, en consequence de ce qui est establv par vne preuue Geometricque, est autant infaillible, que la suite de la consequence par laquelle il est induit est necessaire, & que ce dont la mesme consequence est tirée est certain, & hors de contredit. En quoy il ne s'est departy de ses principes. Car ce qui est trouué par les nombres en consequence d'vne proposition de Geometrie, est l'vne des consequences qui s'en peut tirer, & dont la verité ou fausseté est attachée necessairement à la verité ou fausseté de la mesme proposition suiuant & conformément à son axiome, rapporté en la page 17. *Que si du nombre infiny de consequences, qui suiuent du posé pour vray, vne seule repugne à la verité, le posé pour vray est faux.* Car il ne sçauroit nier, que ce qui se trouue par les nombres en consequence d'vne proposition de Geometrie ne soit vne des consequences de ceste mesme proposition. Pour iustifier que le doubte que ledit sieur a de la verité de la 47 du 1, est la seule cause qui l'a meu de rejetter la refutation de sadite proposition. Il ne faut que lire les paroles contenuës en la page 4 du liuret sus mentionné depuis la 17 iusques à la 25 ligne, que nous rapporterons icy fidelement : *Pour commencer ie dis que le tres-docte Archimede a eu de fort subtiles speculations, & belles recherches pour paruenir à la demonstration de ce qui s'est iusques à present pratiqué, selon son inuention, pour obtenir l'approchante capacité du cercle,* le manque de son procedé ayant pris origine du faux posé pour vray, par le nompareil en ordre, sçauoir l'admirable Euclide en la 47. de son 1 liure des Elements. Et encores celles qui se trouuent en la page 5 iusques à la 11 ligne, lors qu'il dit, addressant son discours à l'vn de ceux qui auoient publiquement conferé auec luy, & improuué sadite proposition. *I'estime qu'il vous doit suffire, que i'aduoüe comme ie fais, que ce qui se pouuoit pour paruenir à vostre but, vous l'auez faict, & que fondé sur la 47 du 1, plusieurs autres en consequence ont donné lieu à vostre conclusion couchée en ses termes,&c.* Car de ces paroles il paroist euidemment, qu'à cause du doubte qu'il a touchant la 47 du 1, il a improuué nommément le procedé d'Archimede en la 3 proposition de son liure de la mesure du cercle, & en suite celuy dont on s'estoit seruy contre luy, & dont il a transcrit mot à mot la conclusion en la mesme page, par laquelle il appert, que le quarré des huict neufuiémes du diametre, est plus grand presque de la moitié, plus que la figure de 96 costez circonscrite au au cercle, & qui ne s'esloigne de beaucoup de la maniere suiuie par Archimede. C'est pourquoy il semble qu'il ne tient qu'à satisfaire au sieur de la Leu, sur ce qui peut ne luy aggreer en la 47 du 1, ou à luy faire voir par vn autre calcul, independant de la mesme proposition, que le quarré des huict neufuiémes du diametre est plus grand que le cercle, pour luy faire aduoüer qu'il n'est esgal au cercle, ainsi qu'il le suppose, l'vn & l'autre n'estant pas difficile s'il le desire, il est à presumer qu'il cessera desormais de maintenir ceste proposition. Il n'est pas impossible de la destruire par vne preuue lineale, mais la maniere en semble plus embarrassée, & neantmoins au fonds l'vne n'a pas plus de certitude que l'autre.

Auparauant que de finir l'on prendra garde qu'au placard du 18 Aoust dernier le susdit Sieur aduance comme veritable, que la racine de 10 est $3\frac{1}{2}$ moins $\frac{1}{36}$ de plan, celle de 13 est $3\frac{2}{3}$ moins $\frac{4}{9}$ de plan : & au liuret imprimé en l'an 1619, page 23, és lignes 6. 7. 8. 9. & 10. que *la diagonale d'vn quarré, bien qu'indicible ou inexplicable contient* $1\frac{1}{2}$ *fois celle de son costé, moins vne simple neufuiéme partie de sa capacité,* mise en figure quarrée. Qui sont toutes choses paradoxes pleines de contradiction, & absolument fausses, dont l'examen est hors du sujet que nous traitons, & allongeroit par trop ce discours, desia peut estre assez ennuyeux. C'est pourquoy nous ferons fin.

ADVERTISSEMENT.

IL pourroit sembler que lon a tranché trop court en la 6 page, ligne 29, lors qu'il a esté conclu que les angles ∫DA, τDA ne peuuent estre de differente espece, à cause que les lignes αE, ZC sont paralleles, & perpendiculaires sur la ligne AF. Puis qu'il y a de la place en cet endroit, la consequence en sera deduite tout au long.

Voyez la 2. figure de taille douce, mise au commencement.

Soit produite la ligne KC, iusques à ce qu'elle couppe la circonference FvA, au point v, & la ligne HE, iusques à ce qu'elle couppe la mesme circonference au point λ. Si les angles ∫DA, τDA sont de differente espece, l'vn d'eux estant droict, l'autre sera ou aigu, ou obtus, ce qui est impossible; car les deux angles que faict vne ligne droicte sur vne autre seroient tous deux plus petits ou plus grands que deux droicts contre la 13 du 1. Ou bien l'vn sera aigu, l'autre obtus, ce qui est encores impossible. Car que lon tire la ligne Zλ, & la ligne Bϖ perpendiculaire sur la ligne ∫τ, qui la coupera au point ε, & l'arc αF, au point ϖ. Parce que les lignes Zτ, αλ sont paralleles, les angles Zλα, τZλ sont esgaux par la 29 du 1: & les arcs Zoα, vιλ, par la 26 du 3. Or est-il que parce que les lignes Zv, αλ sont perpendiculaires sur AF, & ∫τι, sur Bϖ, les lignes Zv, oι, αλ, sont coupées par la moitié és points CεE, par la 3 du 3. Et par la demonstration de la 30 du 3, les arcs Zv, oι, αλ sont coupez par la moitié aux points ϖ & F. Puisque l'arc oFι est plus petit que l'arc ZFv, les arcs oϖ, ϖλι faisans chacun la moitié de l'arc oFι sont plus petits chacun, que chacun des arcs ZF, Fv, qui sont moitié de l'arc ZFv, & par consequent se pourront soustraire de l'vn des deux lequel on voudra: ~~Puisque les arcs ZF & Fv sont esgaux, si lon en oste αϖ & Fv esgaux, les restes oϖ, ϖλ seront esgaux.~~ Semblablement puisque les arcs Zα, vλ sont esgaux si lon en oste Zo & vι esgaux, les restes oα, ιλ seront esgaux. Finalement parce que les arcs oα & ϖλι sont esgaux, si on oste oα & ιλ esgaux les restes αϖ & ϖλ seront esgaux. Or est-il que αϖ & ϖλ sont esgaux entre eux, & pris ensemble à αFλ; AF aussi & Fλ sont esgaux entre eux, & pris ensemble à l'arc αFλ. Doncques αϖ, ϖFλ, αF, & Fλ sont esgaux entre eux. Doncques αF est esgal à αϖ le tout à sa partie. Doncques les angles ∫DA, τDA ne sont pas de diuerse espece.